Jens Amberg

Beamersteuerung über RS232

GRIN Verlag

Bibliografische Information der Deutschen Nationalbibliothek:

Die Deutsche Bibliothek verzeichnet diese Publikation in der Deutschen Nationalbibliografie; detaillierte bibliografische Daten sind im Internet über http://dnb.d-nb.de/ abrufbar.

Impressum:

Druck und Bindung: Books on Demand GmbH, Norderstedt Germany
ISBN: 978-3-640-78455-4

Dieses Buch bei GRIN:

http://www.grin.com/de/e-book/163636/beamersteuerung-ueber-rs232

Energietechnisches Praxisprojekt

„Beamersteuerung über RS232"

Jens Amberg

Hundsangen 22. April 2010

Inhaltsverzeichnis

Abbildungsverzeichnis

Tabellenverzeichnis

1 Einleitung

Aufgrund des energietechnischen Praxisprojekt der FH-Bingen im Masterstudiengang Elektrotechnik ist das Projekt RS232 Beamersteuerung entstanden. Die Aufgabenstellung ist dadurch gegeben, das ein Mikrocontroller über die serielle Schnittstelle die Beamer der FH-Bingen steuern kann. In diesem Dokument wird die Entwicklung dieser Elektronik und Software dargelegt. Dabei wird in diesem Dokument der Schaltplan sowie das Layout der Steuerungsplatine erläutert. Ferner wird die Steuerungssoftware erklärt. Zum Schluss wird die Funktionsweise der Steuerung beschrieben.

2 Aufgabenstellung

Mit diesem Projekt soll eine Fernsteuerung der Beamer an der FH-Bingen realisiert werden. Die Aufgabenstellung wurde 1:1 von der Beschreibung von Prof. Kaiser, dem Betreuer dieser Arbeit, übernommen. Das Gerät soll so konstruiert werden, dass es in die bestehenden Kabelschächte integriert werden kann. Die Kopplung zum Beamer erfolgt über die serielle Schnittstelle. Da die Steuerung sehr einfach funktionieren muss, werden nur wenige Bedienelemente benötigt. Folgende Elemente sind vorgesehen:

1. Zwei Tasten (rot und grün) für die Funktionen „Ein“ und „Aus“
2. Zwei LEDs (rot und grün)
3. Ein Piezo-Summer bzw. Lautsprecher zur Ausgabe von Warnsignalen.

2.1 Schnittstellen

Zur Kommunikation mit dem Beamer muss das Gerät eine RS-232-Schnittstelle (9-pin Dsub- Buchse) besitzen. Eine eigene Programmierschnittstelle (ISP-Schnittstelle) des Gerätes ist wünschenswert, aber nicht zwingend erforderlich. Die Stromversorgung erfolgt entweder über ein externes, ungeregeltes 9-12 V(DC) Steckernetzteil oder über ein auf der Platine integriertes Netzteil.

2.2 Aufbau

Das Gerät soll mit einem geeigneten Mikrocontroller (z.B.Atmel ATmega8) aufgebaut werden. Falls eine geeignete fertige Platine am Markt erhältlich ist wird diese verwendet. Anderenfalls wird eine entsprechende Platine mit

CAD-Software entworfen. Das endgültige Gerät muss gut in einem Kabelschacht anzubringen sein. Für die Entwicklung kann jedoch auch ein „Atmel Evaluationsboard“ der Firma Pollin verwendet werden.

2.3 Programmierung

Die Entwicklung der Steuersoftware des Gerätes geschieht bevorzugt in der Sprache C. Als Entwicklungsumgebung kann Linux mit dem Cross-Compiler „avr-gcc“ und der C-Bibliothek „AVR-LibC“ verwendet werden.

2.4 Funktionen

Zum Einschalten des Beamers wird die grüne „Ein“-Taste betätigt. Die grüne LED zeigt den Einschaltzustand des Beamers an. Nach Möglichkeit sollte das Gerät dazu regelmäßig den tatsächlichen Zustand des Beamers abfragen und hier zur Anzeige bringen. Während der Aufwärmphase des Beamers blinkt die grüne LED, ist er betriebsbereit, leuchtet sie dauerhaft. Zum Ausschalten wird die rote "Aus“-Taste betätigt. Während der Abkühlphase des Beamers blinkt die rote LED, wenn der Beamer aus ist, sind beide LEDs aus. Nach Möglichkeit sollte der tatsächliche Zustand des Beamers abgefragt werden. Antwortet der Beamer nicht, so leuchtet die rote LED dauerhaft. Ein Timeout-Feature soll verhindern, dass der Beamer über längere Zeit ungenutzt eingeschaltet bleibt. Ist der Beamer über ein bestimmtes Timeout-Zeitintervall eingeschaltet, aber nicht in Benutzung, so erzeugt das Gerät einen kurzen Warnton und die grüne LED blinkt. Nun muss innerhalb der folgenden 60 Sekunden die grüne Taste betätigt werden, sonst schaltet das Gerät den Beamer selbstständig aus. Während der letzten zehn Sekunden vor dem Ausschalten wird im Sekundentakt ein Warnton abgegeben. Wird während des 60-Sekunden-Intervalls die grüne Taste betätigt, leuchtet die grüne LED wieder dauerhaft und der Beamer bleibt für ein weiteres Timeout- Zeitintervall eingeschaltet. Sofern es über das serielle Protokoll des Beamers möglich ist, zu ermitteln, ob der Beamer gerade ein gültiges Bildsignal erhält, beginnt das Timeout-Zeitintervall mit dem Wegfall des Bildsignals und seine Dauer beträgt 10 Minuten. Ist eine solche Statusabfrage nicht möglich, so erfolgt die automatische Abschaltung einfach zwei Stunden nach dem Einschalten.

2.5 Erste Protokolle

Zum Start sollen zunächst die Beamer EP910 und EP1080 von der Firma Optoma in die Software implementiert werden. Mit diesen Beamern werden erste Tests durchgeführt.

2.6 Verwendung unterschiedlicher Beamer

Da jeder Beamer bzw. Beamerhersteller seine eigenen RS232 Befehle hat, muss auf der Platine ein Kodierschalter angebracht werden. Damit kann der jeweils anzusteuernde Beamer ausgewählt werden. Die verschiedenen Befehlssätze werden in einem Festwertspeicher des Mikrocontrollers abgelegt.

3 Hardware

In diesem Abschnitt wird die Hardware zur Steuerung der Beamer erläutert. Bei der entwickelten Hardware handelt es sich um eine Rechnerplatine mit einem ATmega8 der Firma Atmel. Der Schaltplan ist mit dem CAD Tool Eagle[1] entworfen. Dieses Tool kann unter www.cadsoft.de kostenlos geladen werden. Die Freeware Version ist beschränkt auf 2 Lagen und einer Platinengröße von 100 x 80 mm. Dieses ist für die Aufgabenstellung vollkommen ausreichend.

3.1 Schaltungsbeschreibung

In der folgenden Abbildung 1 ist der Schaltplan ersichtlich. Auf dem Schaltplan sind die einzelnen Teile des Schaltplans sichtlich getrennt. Es beginnt mit der Eingangsspannungsversorgung an dem Stecker X6. Dort muss eine Gleichspannung zwischen 9 und 30 Volt eingespeist werden. Die Polarität ist gleichgültig, da die nachfolgenden Dioden D2 - D5 die Polarität dementsprechend korrigieren.

[1] Einfach Anzuwendender Grafischer Layout Editor

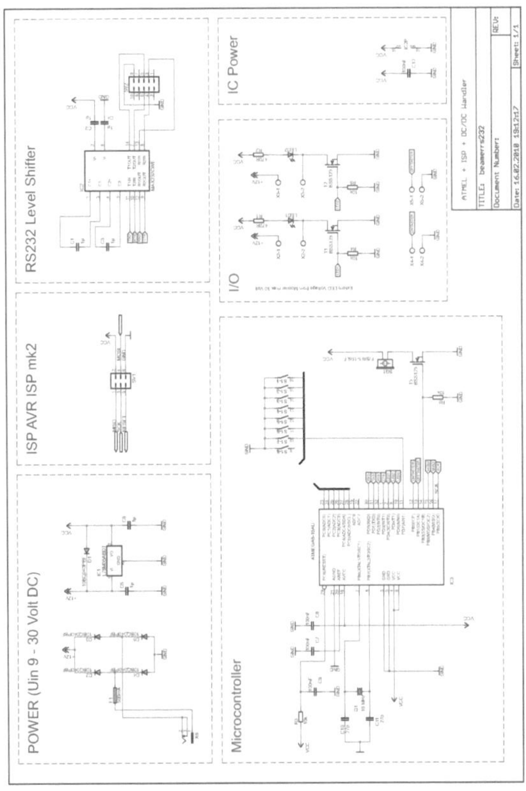

Abbildung 1: Schaltplan

Der IC3 ist der ATmega8. Dieser ist mit einem 16 MHz Taktgeber verbunden. Dies ist die maximale Frequenz des Controllers. Weiterhin ist an dem AVR der DIP-Schalter S1 angeschlossen. Dadurch ist es später möglich, Selektionen aufgrund des PORTS in der Software zu treffen. Der AVR ist mit seinen RXD und TXD Pins mit dem IC2 dem MAX232 verbunden. Dieser MAX232 wandelt die TTL Pegel[2] des AVR in RS232[3] Pegel um. Damit ist eine Kommunikation mit einem beliebigem RS232 Gerät möglich. Je nachdem welches externe Gerät angeschlossen ist, müssen die RXD und TXD Leitung gedreht werden. Deshalb sind die Ausgangssignale des MAX232 auf eine 10-polige Pfostenwanne gelegt worden. Dadurch ist es möglich beliebige Stecker anzuschließen und so die passende RS232 Konfiguration herzustellen. Dies kann dann mit einem 1:1 Kabel geschehen oder mit einem so genannten Nullmodemkabel. Ebenso sind auf dem Schaltplan die Anschlüsse X2 und X3 zu erkennen. Dort können externe LEDs angeschlossen werden. Die maximale Stromaufnahme der externen LEDs darf pro Kanal nicht über 100 mA liegen. An den Anschlüssen X4 und X5 können externe potentialfreie Taster angeschlossen werden. Deren Schaltstellung kann durch den AVR ausgewertet werden. In der nächsten Abbildung 2 ist das Layout ersichtlich. Dort sind die einzelnen Komponenten dargestellt.

[2] 0 - 5 Volt

[3] $\pm$20 Volt

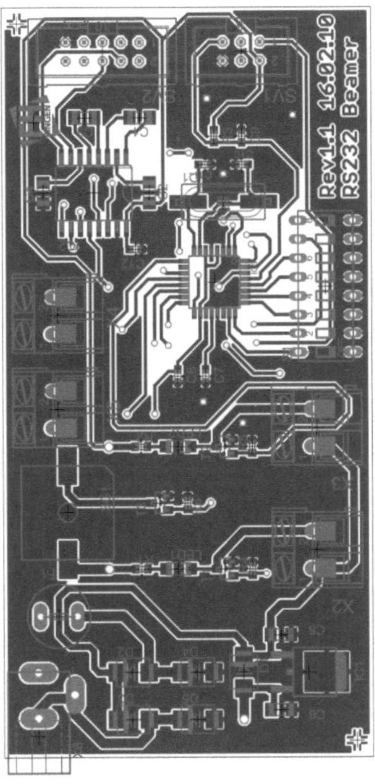

Abbildung 2: Layout

4 Software

In diesem Abschnitt wird die Software der RS232 Beamersteuerung beschrieben. Dabei werden die Tools, die zur Verwendung gekommen sind, vorgestellt. Auch die Funktionsweise des Programmcodes wird dargelegt.

4.1 Verwendete Tools

Zum Übersetzen des C-Codes ist der AVR-GCC eingesetzt worden. Genauer wurde das Paket WinAVR verwendet. Das Paket WinAVR besteht aus dem gcc für AVRs sowie einen Editor namens Programmer´s Notepad. Damit ist es möglich unter Windows mit Hilfe eines Makefiles den gcc aufzurufen und das Programm zu übersetzen. Das somit generierte hex-File kann dann mit Hilfe eines Programmieradapters, in diesem Projekt z.B. dem „AVR IPS mkII“, geflasht werden. Zum Flashen kann die freie Software von Atmel, das „AVR Studio“, eingesetzt werden.

4.1.1 Flashkonfiguration des AVR

Da beim Flashen der Software die richtigen Fusebits gesetzt werden müssen, wird dies hier ausführlich anhand des AVR Studio erläutert. Damit man den AVR flashen kann, muss der Flashmode im AVR Studio geöffnet werden. Dies geschieht durch das Betätigen des „CON“-Buttons im geöffneten Projekt des AVR Studios. Siehe Abbildung 3.

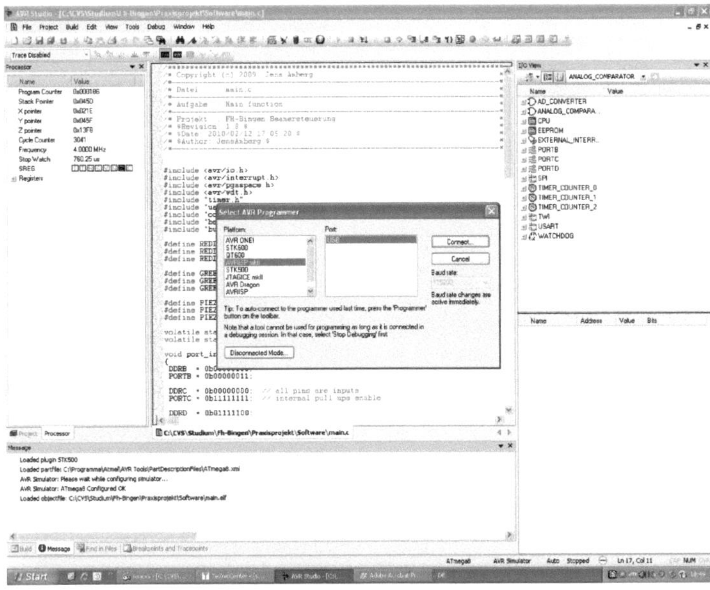

Abbildung 3: AVR Studio

Wenn dies erfolgreich war, öffnet sich das Fenster welches in Abbildung 4 zu erkennen ist.

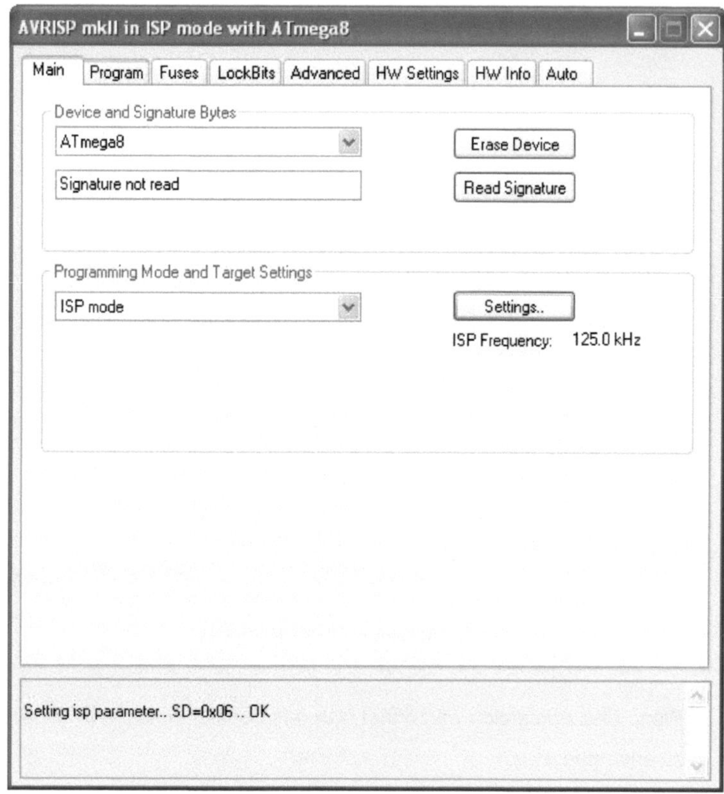

Abbildung 4: Programmierfenster

Sollte die Frequenz des Programmers nicht auf 125 kHz stehen, muss dieser darauf umgestellt werden. Dies ist so, da produktionsfrische AVR zunächst mit dem internen 1 MHz Oszillator laufen, jedoch die maximale ISP Frequenz auf ein Viertel der Oszillatorfrequenz begrenzt ist. Nachdem dies alles kontrolliert ist, wird das Reiterfeld Fuses angewählt. Dort können dann die Fuses nach Abbildung 5 gesetzt werden.

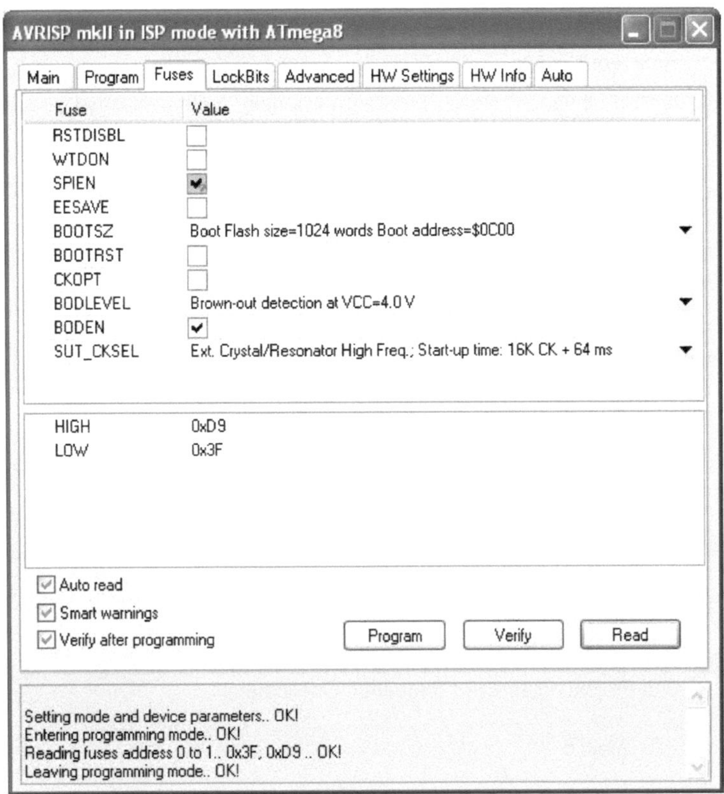

Abbildung 5: Fuses Einstellungen

Die Fuse RSTDISBL ist dabei deaktiviert. Mit dieser Einstellung kann der Reset-Pin als Port genutzt werden. Achtung danach ist kein Reset mehr möglich. Mit WTDON ist der Watchdog immer an. SPIEN sollte nicht deaktiviert werden, da sonst der AVR ISP mk2 sich nicht mehr mit dem AVR verbinden kann. Mit der Fuse BOOTSZ wird die größe des Bootloaders festgelegt. Damit der AVR nach einem Reset an die Bootloaderadresse springt, muss die Fuse BOOTRST gesetzt sein. Mit BODEN wird die interne Brown-out Detektion eingeschaltet. Diese hält den AVR bei einer eingestellten Spannung im Reset. Dies ist notwendig damit dieser bei zu niedriger Spannung keinen Unsinn macht. Es kann z.B. passieren das der AVR ohne aktivierte Brown-out bei einer Unterbrechung der Versorgungsspannung das interne EEPROM überschreibt. Dadurch kann es, sollten dort Daten abgelegt sein, zu Datenmüll kommen. Mit BODLEVEL wird diese Spannungsgrenze eingestellt. Mit der Fuse SUT_CKSEL wird die Taktquelle des AVR eingestellt. In diesem Fall ist der externe Quarz aktiviert. Achtung sollte diese Fuse gesetzt werden und es ist kein externer Quarz angeschlossen, hat man kein Zugriff mehr auf den AVR. Für dieses Projekt müssen aber die Fuses wie in Abbildung 5 gesetzt sein. Durch das Drücken des Buttons „Programm" werden die Fuses endgültig in den AVR „gebrannt". Sollten die Einstellungen nicht richtig sein, können die Fuses erneut gebrannt werden.

4.2 Quelldateien

Das Projekt besteht aus folgenden Quelldateien:

- main.c
- beamer.c & beamer.h
- buttons.c & buttons.h
- timer.c & timer.h
- uart.c & uart.h
- comhandler.c & commhandler.h
- Makefile

- beamerrs232.pnprj

4.3 Aufgaben der Module

4.3.1 Funktion von main.c

In der main.c wird die Hardware des AVR initialisiert. Weiterhin werden aus der Hauptschleife zyklisch alle Module aus beamer.c und buttons.c abgearbeitet.

4.3.2 Funktion von beamer.c

In diesem Modul sind alle Funktionen für die Beamersteuerung implementiert. Ebenso ist dort die Datenstruktur der RS232 Beamerbefehle definiert und allokiert. Diese Datenstruktur liegt im Flashspeicher des AVR. Dies muss so sein, da der AVR 8kB Flash hat und 1kB SRAM. Die SRAM Größe ist somit nicht ausreichend groß für die Befehle. Aufgrund der Harvard-Struktur des AVR müssen die Daten, die im Flash, liegen mit speziellen Funktionen ausgelesen werden. Dies ist so, da bei der Harvard-Struktur Programm- und Datenspeicher voneinander getrennt sind. Ein C-Compiler kennt aber nur lineare Adressierung. Das heißt eine Pointervariable kann nicht unterscheiden ob die Daten im Flash oder SRAM liegen, da diese Informationen nicht gespeichert werden. Deswegen muss dem Compiler mitgeteilt werden ob die Daten im Flash liegen. Diese speziellen Funktionen sind in der pgmspace.h definiert. Dort sind alle Funktionen definiert um verschiedenste Flashvariablen zu lesen und zu speichern.

4.3.3 Funktion von buttons.c

Dieses Modul behandelt die beiden Funktionstaster der Steuerung. Es existiert eine Funktion, die den aktuellen Zustand eines Tasters zurückgibt. Weiterhin gibt es eine Funktion die einmal „TRUE“ nach dem Aufruf zurückliefert, wenn ein Taster gedrückt wurde. Das heißt wenn ein Taster gedrückt und wieder losgelasen wird, gibt diese Funktion einmalig ein „TRUE“ zurück. Durch den Aufruf dieser Funktion, wird inerhalb der Funktion die Varaibel auf null gesetzt.

4.3.4 Funktion von uart.c

Die Module dieser Datei ermöglichen das Bedienen der seriellen Schnittstelle des AVR Controllers. Ebenso befindet sich in diesem Modul die Empfangs-FSM[4] des seriellen Datenstroms eines Beamers. Die jetzige FSM ist für das Optoma Modell EP910.

4.3.5 Funktion von comhandler.c

Die commhandler Routinen bieten einen minimalen Debugmonitor. Dieser dient lediglich zum Debuggen einer Platine. Beim Anschluss eines Beamers muss dieser mit den Defines

```
#define PCBDEBUG 1
#define BEAMERFSM 1
```

aus der uart.c abgeschaltet werden.

[4]Finite-state machine

4.3.6 Funktion von Makefile

Das Makefile ist die Steuerdatei für das Programm „make“. Der Compilierprozess wird gestartet indem das Programm „make“ mit dem Parameter Makefile aufgerufen wird. In dem Makefile stehen die Anweisungen für Compiler und Linker wie sich das Gesamtprojekt zusammensetzt. Z.b. stehen im Makefile sämtliche Quelldateien des Projekts. Ferner werden für diese Quelldateien die Erstellungsregeln für den Compiler angegeben. Der Compiler erzeugt aus den Quelldaten[5] Object-Files. Aus diesen Object-Files erstellt der Linker dann das Hex-File. Diese kann auf den AVR geflasht werden. Das Hex-Format[6] dient zum Übertragen von binären Daten z.B. über eine serielle Schnittstelle. In diesem Falle liest das AVR Studio diese Daten ein und interpretiert sie für den entsprechenden Mikrocontroller. Die Daten werden dabei ASCII-codiert, so dass die Übertragung nur aus druckbaren Zeichen besteht. Die Daten werden in Blöcken aufgeteilt und übertragen. In der folgende Abbildung 6 ist eine Blockaufteilung des Hex-Formats dargestellt.

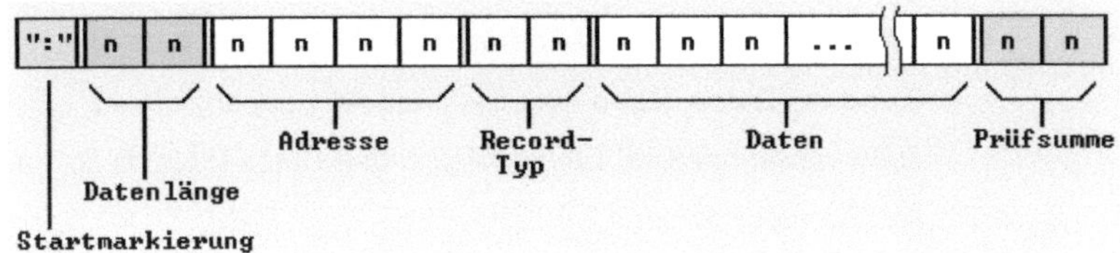

Abbildung 6: Intel Hex File Blockaufbau

Jeder Kasten in der Grafik steht für ein Byte. Vor der ersten Startmarkierung dürfen beliebig viele Füllzeichen stehen. Zwischen der Prüfsumme und der

[5]C-Dateien

[6]Quelle [ ]

nächsten Startmarkierung können ebenfalls beliebig viele Füllzeichen stehen, jedoch sind dies in der Regel CR und LF. Die einzelnen Teile des Records haben folgenden Bedeutung:

Datenlänge:

Gibt die Anzahl der Datenbytes an.

Adresse:

Adresse (16 Bit), an die die Daten dieses Records geschrieben werden sollen. Ist dem Datensatz ein erweiterter Address-Record vorausgegangen, ist diese Adresse auf die durch den erweiterten Address-Record angegebene Basis-Adresse zu addieren.

Record-Typ:

- 00: Der Record enthält Daten.
- 01: Dies ist der letzte Record der Übertragung.
- 02: Erweiterter Segment-Address-Record, d.h. das Adressfeld enthält 0 und die Daten geben eine Segment-Adresse an, wie sie z.B. beim 8086 verwendet wird. Die nachfolgenden Daten-Records sind in dieses Segment zu laden.
- 03: Start-Segment-Address-Record, d.h. das Adressfeld enthält 0 und die Daten geben den Einsprungpunkt für die Programmausführung als CS:IP an.
- 04: Erweiterter Linear-Address-Record, d.h. das Adressfeld enthält 0 und die Daten geben die oberen 16 Bit einer 32-bit Linear-Adresse an, ab der die folgenden Daten-Records zu laden sind.

- 05: Start-Linear-Address-Record, d.h. das Adressfeld enthält 0 und die Daten geben den Einsprungpunkt für die Programmausführung als EIP an.

Daten:
Die Datenbytes (immer 2 übertragene Bytes ergeben ein Datenbyte).

Prüfsumme:
Das 2er-Komplement der Modulo-256-Summe über alle vorangegangenen Bytes außer der Startmarkierung. Bildet man also die Modulo-256-Summe über alle Bytes außer der Startmarkierung, muss sich bei korrekter Übertragung 0 ergeben (Empfangsprüfung). Anm.: Das 2er-Komplement wird gebildet, indem man alle Bits des Bytes invertiert und dann 1 addiert.

In der nächsten Abbildung 7 ist Beispielhaft ein Hex-File mit farblicher Kennzeichnung ersichtlich.

```
:1000500069732070726F6772616D2063616E6E6F7D
:1011200000000000000000000000000000000000BF
:1014100006CD20BF000100A3700100008B15640100
:05248000444201000D0
```

Abbildung 7: Intel Hex File Beispiel

Durch diese Aufteilung ist eine vollständige Speicherbeschreibung des AVR oder einem beliebig anderen Mikrocontroller möglich.

4.3.7 Funktion von beamerrs232.pnprj

Projektdatei für das Programmer's Notepad, welches in dem Paket WinAVR enthalten ist. Es ist aber nicht zwingend notwendig, diesen Editor zu wählen. Es kann auch ein beliebiger andere Editor verwendet werden.

5 Montage

Damit die Platine in einen Kabelschacht eingebaut werden kann, werden folgende Komponenten benötigt.

- 1 x Platine selbst
- 1 x RS232 Kabel 10polig auf SUB-D männlich
- 2 x Möller Schließerkontakt FRO M22-K10
- 2 x Möller Befestigungsadapter M22-A
- 1 x Möller Leuchtdrucktaste Flach M22-DL-R Rot
- 1 x Möller Leuchtdrucktaste Flach M22-DL-G Grün
- Möller LED-Element Front Rot M22-LED-R
- Möller LED-Element Front Grün M22-LED-G

Mit diesem Material wird die Platine, wie in Abbildung 8 gezeigt ist, mit Ihren Anbauteilen komplettiert.

Abbildung 8: Platine mit Anbauteilen

Danach müssen in den Kabelkanal die passenden Bohrungen angebracht werden, und die zwei Taster mit der Verschraubung verschraubt werden. In der folgenden Abbildung 9 ist die Frontplatte des Möller Systems ersichtlich. Das Bauteil in der Mitte ist die Verschraubung.

Abbildung 9: Möller Frontplatte mit Verschraubung

Abschließend muss nach dem Einbau mit den DIP-Schaltern auf der Platine der passende Beamer eingestellt werden. Mit der Softwareversion des beamer.c Moduls 1.11 sind folgende Beamer auswählbar. Getestet wurde jedoch nur der EP910. Die anderen Befehle wurden aus der Dokumentation entnommen und ungetestet in den Programmcode implentiert.

Tabelle 1: DIP-Schalter und Beamer

DIP-Stellung in Hex	Hersteller	Modell
0x00	Optoma	EP910
0x01	Optoma	EP758
0x02	Optoma	EP1080

6 Testergebnisse

In diesem Abschnitt werden die Ergebnisse mit den Anforderungen gegenübergestellt. Dabei wird darauf eingegangen, welche Funktionen in der Steuerung implementiert sind und welche von den anfänglichen Anforderungen aus dem Abschnitt 2 nicht umgesetzt sind.

6.1 Funktionsbeschreibung

Wird die RS232 Beamersteuerung zum ersten mal mit Spannung versorgt,so wird anhand der DIP-Schalterstellung ein Beamer ausgewählt. Diese Initialisierung wird nur nach einem Neustart der RS232 Beamersteuerung durchgeführt. Nachdem alles initialisiert ist, sind zunächst beide Lampen erloschen. Jedoch fragt die Steuerung den Einschaltzustand des Beamers zyklisch ab. Sollte der Beamer aus sein, leuchten keine Tasten. Ist der Beamer an, leuchtet die grüne Taste. Wird bei einem ausgeschalteten Beamer die grüne Taste betätigt, wird das Einschaltkommando gesendet.Nun blinkt die grüne LED. Weiterhin ist nun auch das Timeout von 2 Stunden aktiviert. Sobald der Beamer über die serielle Schnittstelle den Einzustand meldet, leuchtet die gründe LED dauerhaft. Bei den letzten 60 Sekunden des Timeouts blinkt die grüne LED erneut und es ertönt ein kurzer Warnton. Bei den letzten 10 Sekunden ertönt jede Sekunde ein Warnton, welcher 1 Sekunde beträgt. Wird nun der grüne Taster vor dem Ablaufen der 2 Stunden erneut betätigt, wird das Timeout wieder auf 2 Stunden gesetzt. Somit ist das Timeout jederzeit wieder auf 2 Stunden rücksetzbar. Sollte der grüne Taster nicht betätigt werden, sendet die Steuerung das Ausschaltkommando über die serielle Schnittstelle. Das kann auch durch das betätigen des roten Tasters erzwungen werden. Nachdem das Kommando gesendet worden ist und der Beamer eine Quittung an die Steuerung gesendet hat, blinkt die rote LED im Sekunden Takt. Nun wird der Beamer in 1 min ausgeschaltet. Nachdem der Beamer sich selbstständig ausgeschaltet hat, sind beide LEDs an der Steuerung aus.

7 Zusammenfassung

Mit der RS232 Beamersteuerung ist es möglich, einen beliebigen Beamer der über ein RS232 Schnittstelle verfügt, zu steuern. Dies wird dadurch realisiert, dass auf der Ansteuerplatine ein Mikrocontroller der Firma Atmel ein ATmega8 sitzt. Mit Hilfe des internen Flash-Speichers werden für verschiedenste Beamer die individuellen Befehle der Beamer gespeichert und je nach Wahl an der seriellen Schnittstelle ausgegeben. Je nach Einstellung der auf der Platine befindlichen DIP-Schalter wird auf eine bestimmte Stelle des internen Flashspeichers zugegriffen. Dadurch wird der individuelle Befehlssatz für den eingestellten Beamer geladen und fortan verwendet. Weiterhin wird auch der aktuelle Power Status des Beamers zurückgelesen. Dadurch ist es möglich, den wahren Zustand des Beamers mit 2 LEDS, grün und rot, darzustellen.

Literatur

[1] Weißgerber Wifried: Elektrotechnik für Ingenieure 1, 5. Auflage, Viewege & Sohn Verlagsgesellschaft mbH, Wiesbaden 2000

[2] http://www.mikrocontroller.net/articles/AVR-GCC-Tutorial, AVR-GCC-Tutorial, Version vom 20.11.2006

[3] Schmitt Günther, Mikrocomputertechnik mit Controllern der Atmel AVR-RISC-Familie, 1. Auflage, Oldenbourg Wissenschaftsverlag GmbH, München 2005

[4] Atmel:AVRISP mkII User Guide, Rev. 11/05

[5] Atmel: ATmega 8 Datasheet, Rev. 2486Q-AVR-10/06

[6] http://www.schulz-koengen.de/biblio/intelhex.htm 21